Andrew Whittaker

Uma introdução à robustez nas operações de satélites

Andrew Whittaker

Uma introdução à robustez nas operações de satélites

ScienciaScripts

Imprint

Any brand names and product names mentioned in this book are subject to trademark, brand or patent protection and are trademarks or registered trademarks of their respective holders. The use of brand names, product names, common names, trade names, product descriptions etc. even without a particular marking in this work is in no way to be construed to mean that such names may be regarded as unrestricted in respect of trademark and brand protection legislation and could thus be used by anyone.

Cover image: www.ingimage.com

This book is a translation from the original published under ISBN 978-3-659-87662-2.

Publisher:
Sciencia Scripts
is a trademark of
Dodo Books Indian Ocean Ltd. and OmniScriptum S.R.L publishing group

120 High Road, East Finchley, London, N2 9ED, United Kingdom
Str. Armeneasca 28/1, office 1, Chisinau MD-2012, Republic of Moldova, Europe
Managing Directors: Ieva Konstantinova, Victoria Ursu
info@omniscriptum.com

Printed at: see last page
ISBN: 978-620-3-27979-5

Índice:

Constantes físicas

Nome	Símbolo	Valor	Unidades
Massa da Terra	E$_U$	5,974 x 10E24	kg
Massa do Sol	S$_{EN}$ $_{HORA}$	1,989 x 10E30	kg
Massa da Lua	M$_M$	7,36 x 10E22	kg
Raio equatorial da Terra	R$_E$	6378	km
Raio equatorial do Sol	R$_S$	6,955 x 10E5	km
Raio equatorial da Lua	R$_M$	1737	km
Densidade média da Terra		5515	kg m^{-3}
Densidade média do Sol		1408	kg m-3
Densidade média da Lua		3346	kg m-3
Luminosidade do Sol	L$_S$	3,839 x 10E26	W
Temperatura efectiva do Sol		5778	K
Constante de Hubble	H$_c$	70 ± 5	km/s M/pc
Ano-luz		9,461 x 10E12	km

Unidade astronómica   UA   1,496 x10E8   km

Parsec   pc   3,086 x 10E13   km

Dados do planeta

Nome	Raio médio	Massa	Rotação Período	Semi-eixo maior orbital (AU)	Excentricida de orbital	Período Orbital (anos)
Mercúrio	383	0.0553	58.6	0.387	0.2056	0.241
Vénus	0.950	0.8150	-243.0	0.723	0.0068	0.615
Terra	**1.000**	**1.000**	**0.997**	**1.000**	**0.0167**	**1.000**
Marte	0.532	0.1074	1.026	1.524	0.0934	1.881
Júpiter	10.97	317.8	0.414	5.203	0.0484	11.86
Saturno	9.14	95.16	0.444	9.537	0.0539	29.45
Urano	3.98	14.50	-0.718	19.19	0.0473	84.02
Neptuno	4.18	17.20	0.671	30. Jul	0.0086	164.8

Para os meus maravilhosos filhos, Rebecca e Brandon.

Agradecimentos

Gostaria de agradecer ao Centro Aeroespacial Alemão (DLR) pela confiança depositada no meu apoio às operações da missão Galileu e por me ter permitido adquirir conhecimentos e experiência com o programa Galileu e contribuir para a robustez das operações desse programa de satélites.

Gostaria de agradecer ao Centro Aeroespacial Alemão (DLR) a confiança depositada no meu apoio ao projeto ISS-Columbus e a oportunidade que me foi dada, que me permitiu adquirir conhecimentos e experiência e contribuir para esse projeto e para a missão ISS.

Gostaria de agradecer à NASA e à ESA pela utilização das suas imagens neste livro, em apoio às minhas explicações.

Gostaria de exprimir a minha sincera gratidão aos meus amigos e à minha família, que me têm demonstrado uma compreensão e um apoio constantes na prossecução da minha carreira espacial desde 2001.

Prefácio

Com a invenção do microchip e o avanço acelerado da tecnologia nas últimas cinco décadas, começamos a ver cada vez mais interesse e possibilidade de enviar sondas e seres humanos para o Espaço. Atualmente, há mais satélites em órbita do planeta do que nunca e o número aumenta diariamente. Em todos estes casos, temos de tentar assegurar que os nossos veículos espaciais, bem como os sistemas de controlo terrestres associados, sejam tão fiáveis e robustos quanto possível.

As operações de satélite e o sistema terrestre associado de um projeto espacial têm de ser extremamente fiáveis devido ao elevado custo e investimento em tais projectos, mas também porque, uma vez lançado e implantado um satélite no espaço, a possibilidade de alterar, atualizar ou reparar qualquer coisa a bordo da nave espacial, exceto o software, é quase nula. No entanto, há uma recíproca, uma vez que a obtenção de uma elevada fiabilidade também acarreta custos adicionais elevados, mas sem este investimento na fiabilidade do sistema não valeria a pena lançar o veículo espacial apenas para que este falhasse antes do fim do seu tempo de vida previsto ou desejado. Não só temos de investir tempo e dinheiro na obtenção dos veículos espaciais mais fiáveis, como também temos de investir nos sistemas e nas pessoas que são responsáveis pela monitorização e controlo do veículo a partir do solo, aqui na Terra. Podemos e devemos alcançar *a robustez* dos nossos sistemas e processos para toda a missão, de modo a termos a melhor hipótese de atingir os objectivos da missão e de o nosso elevado investimento compensar, mantendo a fiabilidade do sucesso durante a duração prevista e esperada da missão. Este pequeno livro tenta realçar algumas das áreas das missões de operações de satélites em que devemos ter muito cuidado e introduzir processos e mecanismos para aumentar a robustez das operações em toda a missão, nas suas pessoas e nos seus componentes.

Este livro tenta analisar o ambiente das operações no seu todo e, dividindo-o nos seus subelementos relativos, identificar áreas de risco e incerteza às quais podem ser aplicadas medidas para tentar reduzir a incerteza e aumentar o conhecimento, a consciencialização e, finalmente, a robustez ao nível dos componentes, elementos, sistemas e ambiente das operações.

No final do livro, incluí dois exemplos de estudos de caso de missões espaciais em ,
numa tentativa de ilustrar e realçar a importância da robustez nas operações espaciais
e de satélite, tanto não tripuladas como tripuladas.

O Anexo 1, no final deste livro, descreve um sistema e uma metodologia para a
identificação e gestão dos riscos operacionais e sugere também um processo que pode
ser implementado através da gestão das operações, a fim de captar e gerir os riscos de
forma mais eficaz no ambiente das operações.

Capítulo 1
1 Introdução

O que é a robustez?

Quando procuramos uma definição de robustez na Internet ou num dicionário, descobrimos que é "*forte e eficaz em todas ou na maioria das situações e condições* "[1]. No entanto, é preciso ter em conta que esta é a definição, o ideal ou o perfeito teórico. Muitas vezes, como sabemos, a teoria é muito diferente da prática e alcançar o caso ideal é por vezes muito difícil, por vezes mesmo impossível. Isto aplica-se igualmente quando consideramos a indústria aeroespacial e as operações de satélite em particular - a área objeto deste livro.

1.1 Modelo matemático

Para ter uma ideia mais clara da forma como podemos analisar sistemas e elementos para identificar, qualificar e até quantificar o grau de robustez, podemos pensar na robustez em termos de um modelo matemático, considerando o que estamos a tentar alcançar e aplicando depois algumas regras matemáticas ao caso.

A robustez nas operações pode ser qualificada e quantificada em termos do grau de incerteza e de risco inerente a um sistema no ambiente das operações ou ao ambiente das operações no seu conjunto. De um modo geral, podemos aumentar a robustez de um sistema reduzindo o grau de incerteza e, por conseguinte, o risco implícito devido ao desconhecido e aumentando o nosso conhecimento e a nossa sensibilização, tanto quanto possível, em todos os domínios, para todos os subsistemas, elementos, interfaces, etc.

[1] Fonte: www.dictionary.com

1.1.1   Incerteza

No caso ideal, a nossa robustez para um determinado elemento seria

$$R_{(e)} = 1$$

e, expresso em percentagem, seria o seguinte

$$R_{(e)} = 1 = 100\%$$

Uma magnitude de $R_{(e)} = 100\%$ representa um elemento que tem zero incerteza na sua robustez e, por conseguinte, na sua fiabilidade.

Dado que a magnitude da robustez representativa é inversamente proporcional à soma das incertezas relativas, obtém-se

$$|R_{(e)}| = 1 - \frac{1}{[\Sigma(\varepsilon_1 + \varepsilon_2 + \varepsilon_3 + \cdots \varepsilon_n)]}$$

Em que ε é a incerteza e é limitada pelos limites $0 < \varepsilon < 1$ como um valor positivo número inferior a 1, de modo que os limites de $|R_{(e)}|$ devem ser

$$R_{(e)} = 1 \; \rightarrow \; \sum(\varepsilon_1 + \varepsilon_2 + \varepsilon_3 + \cdots \varepsilon_n) = 0$$

que afirma que, para termos 100% de robustez, precisamos de ter zero de incerteza no nosso sistema e

$$R_{(e)} < 1 \; \rightarrow \; \sum(\varepsilon_1 + \varepsilon_2 + \varepsilon_3 + \cdots \varepsilon_n) > 0$$

que afirma que, com qualquer valor de incerteza superior a zero, o valor da robustez será sempre inferior a 1 ou 100% e

$$R_{(e)} = 0 \; \rightarrow \; \sum(\varepsilon_1 + \varepsilon_2 + \varepsilon_3 + \cdots \varepsilon_n) = \infty$$

que afirma que para uma robustez igual a zero temos de ter uma incerteza infinita.

É claro que no ambiente de operações de satélite temos sistemas que são uma coleção de elementos, que podem ser expressos no nosso modelo de robustez pela seguinte equação

$$R_{(s)} = 1 - \frac{1}{[\Sigma(e_1 + e_2 + e_3 + \cdots e_n)]}$$

Para que a robustez efectiva de um dado sistema, $R_{(s)}$ possa ser qualificada e quantificada através da identificação e equacionamento de todas as incertezas associadas a cada elemento conhecido desse sistema.

Ganhamos confiança nas nossas avaliações da robustez através da diminuição da nossa incerteza, o que é conseguido através do aumento do nosso conhecimento e da nossa consciência dos factores que influenciam o sistema e/ou os elementos. Pode não ser surpresa que a quantidade de robustez seja diretamente proporcional à quantidade de conhecimento que temos sobre um determinado sistema e esta é a única forma de aumentar a robustez. Basicamente, quanto mais soubermos e compreendermos sobre um determinado sistema ou elemento, mais robusto o podemos tornar. Isto leva-nos aos capítulos seguintes deste livro que tentam analisar os sistemas e elementos típicos normalmente encontrados num determinado ambiente de operações de satélite. Partimos do princípio de que o satélite já foi considerado no que diz respeito à obtenção da mais elevada fiabilidade e robustez e concentramo-nos nos nossos sistemas e elementos no solo.

No entanto, não se deve ser demasiado confiante, uma vez que este livro e a sua análise não são exaustivos e, normalmente, existe uma quantidade incomensurável de incerteza em todos os casos, independentemente do nosso nível de conhecimento e consciência do sistema ou elemento.

1.1.2 Ajustamento de Pareto

Devemos também considerar uma abordagem de Pareto para a interpretação do nosso modelo matemático em termos da quantidade de confiança que podemos ter no nosso conhecimento e consciência relativamente à quantidade de incerteza que existe sempre. A distribuição de Pareto baseia-se na densidade de probabilidade utilizada para descrever fenómenos observáveis. Não vamos abordar a distribuição de Pareto aqui, uma vez que existem livros dedicados que aprofundam a discussão e a explicação, pelo que partimos do princípio de que tem alguns conhecimentos básicos sobre a distribuição de Pareto para determinar o nosso modelo matemático de robustez.

No caso da distribuição de Pareto, dizemos simplesmente que, para o nosso modelo derivado de 100% de incerteza, com base no conhecimento e na consciência do sistema ou elemento em causa, assumimos que este é igual a 80% da *incerteza absoluta,* A. Por conseguinte, assumimos um nível de 20% de falta de fiabilidade em todos os sistemas, independentemente da quantidade de robustez calculada utilizando o nosso modelo na secção 1.1.1. Isto permite a existência de factores desconhecidos em cada sistema e/ou elemento arbitrário no nosso ambiente de operações. Como parte do nosso modelo, chegámos à seguinte relação

$$\Delta = 1 - \frac{1}{[\sum(\varepsilon_1 + \varepsilon_2 + \varepsilon_3 + \cdots \varepsilon_n)]}$$

e, por conseguinte, obtemos

$$R_{(\blacksquare)} = R_{(s)} \cdot 0.8$$

para que

$$R_{(\blacksquare)} = \left(1 - \frac{1}{\left[\Sigma \left(R_{S_1} + R_{S_2} + R_{S_3} + \cdots R_{S_n} \right) \right]} \right) \cdot 0.8$$

Em que $\#_{(B)}$ é a *Robustez Absoluta* de um determinado sistema ou conjunto de subsistemas ou elementos.

Capítulo 2
2 Sistemas estáticos versus sistemas dinâmicos

Em igualdade de circunstâncias, o sistema dinâmico corre, em média, mais riscos do que o sistema estático, simplesmente devido ao facto de estar a sofrer alterações temporais.

Num ambiente de sala de controlo de operações de satélite, há dois elementos principais que influenciam a robustez das operações, nomeadamente

a. As estruturas ou sistemas fixos são considerados relativamente "isentos de ruído" em termos de interferência ou variabilidade no seu desempenho e/ou funcionalidade;

b. Estruturas ou sistemas dinâmicos que são considerados "ruidosos" e apresentam um certo grau de variabilidade no seu desempenho e/ou funcionalidade.

2.1 Sistemas estáticos

É evidente que os elementos fixos podem ser considerados menos problemáticos e, por conseguinte, mais controláveis e provavelmente mais robustos, uma vez que simplesmente não sofrem muitas alterações e, reciprocamente, exercem menos influência sobre outros sistemas com os quais podem interagir. Exemplos de elementos fixos podem ser mesas, secretárias, luzes de teto, até sistemas informáticos como PCs ou estações de trabalho operacionais integradas em consolas. Estes elementos são mais estáticos durante um período mais longo, em média, e tendem a exercer menos influência sobre as interfaces externas diretamente devido à sua própria estabilidade inerente.

Ocasionalmente, esse componente pode ter de ser removido e substituído, reparado ou melhorado, caso em que pode haver uma quantidade calculável de influência relacionada com a mudança noutros sistemas, temporariamente. Essa influência calculável pode ser reduzida ou atenuada através de um planeamento, conceção, ensaio e validação cuidadosos dos elementos antes da sua reinserção no sistema existente. Uma observação ou análise mais atenta pode produzir um valor de probabilidade de influência, que pode ser utilizado num cálculo de robustez para um sistema global ou grupo de sistemas em interação.

2.2 Sistemas dinâmicos

Por outro lado, as estruturas ou sistemas dinâmicos podem ter uma influência e/ou um efeito significativo e por vezes incalculável na sua própria robustez e na robustez associada aos outros sistemas com que interagem. O principal problema dos elementos dinâmicos é o grau de incerteza associado à sua dinâmica, a sua variabilidade ou mutabilidade. Exemplos de elementos dinâmicos podem ser as aplicações e ferramentas de software, os processos, os procedimentos e mesmo as pessoas que interagem com os sistemas, cujo comportamento pode ser variável no dia a dia e que podem introduzir um fator de risco muito elevado devido ao potencial de erro humano. Cada um destes elementos tem um fator de influência quantificável que é inerente ao ambiente operacional enquanto existir. A quantidade de influência mensurável ou calculável depende, evidentemente, da natureza do próprio componente, bem como dos outros sistemas no ambiente operacional com os quais interage e/ou interage. É também este facto que dificulta a sua quantificação ou cálculo.

Nos capítulos seguintes do presente documento, consideramos diferentes perspectivas do ambiente operacional e aspectos destas que têm influência na robustez. Em seguida, decompomos os componentes destas perspectivas nas suas partes técnicas e analisamos essas partes quanto à sua influência calculável na robustez das operações, tal como se apresentam atualmente. Por fim, fazemos uma avaliação das partes técnicas a fim de deduzir possíveis formas de melhorar a robustez de cada uma dessas partes e tentamos avaliar a possível melhoria que poderíamos fazer à robustez global como resultado da soma da robustez acrescida dessas partes.

Como regra geral para a robustez das operações, sempre que viável/possível, deve haver sempre um sistema principal e um sistema de reserva para facilitar a redução dos sistemas de falha de ponto único. É óbvio que ter dois sistemas é duas vezes mais dispendioso, se não mais, mas a redundância de um sistema deste tipo trará dividendos a médio e longo prazo para as operações e para a fiabilidade e o êxito globais do projeto. Especialmente quando estamos a considerar sistemas de operações a utilizar no espaço. Tudo nas operações deve ser considerado de acordo com este conceito - principal e de reserva, nunca apenas um principal.

Capítulo 3
3 Elementos dinâmicos

Deixemos de lado os elementos fixos por enquanto e consideremos os elementos dinâmicos do ambiente de operações e, mais especificamente, dentro do ambiente da sala de controlo de operações.

Na sala de controlo, encontramos, no mínimo, os seguintes elementos dinâmicos

i)   Pessoal de operações

ii) Aplicações de software e ferramentas operacionais

iii) Processos operacionais

iv) Procedimentos operacionais

v)   Dados operacionais

Todos os elementos acima enumerados são dinâmicos e variáveis em termos do seu comportamento e fiabilidade ao longo do tempo na sala de controlo. Esta relação comportamento-fiabilidade influencia a robustez das operações e do seu ambiente, como já foi referido.

Figura 1 - A Sala de Controlo Principal (MCR) da ESA. [Imagem: ESA].

3.1 Pessoal de operações

O pessoal de operações é um dos factores mais dinâmicos para influenciar a robustez das operações devido ao comportamento inerente dos seres humanos em geral, aos diferentes comportamentos exibidos pelos seres humanos individualmente e ao comportamento dos seres humanos enquanto grupo ou equipa.

3.1.1 Comunicação e interface

Deve ser óbvio e a lógica clara a razão pela qual deve ser utilizada uma comunicação eficaz no ambiente operacional como um todo. Para executar operações espaciais tão críticas e dispendiosas, precisamos de empregar pessoas que dominem adequadamente a língua (ou línguas) escolhida para o projeto e que sejam capazes de utilizar essa língua para comunicar informações de forma eficiente e eficaz, ou seja, com o mínimo de ambiguidade possível.

A interação entre as equipas de operações, por exemplo, entre as equipas de terra e de voo, deve ser proficiente e deve ser executada com uma atitude adequada, que contribua (e não dificulte) a execução e o êxito das operações. Também temos de considerar a comunicação entre locais, especialmente quando existe uma diferença de zona política (ou seja, entre países) e quando existe um desvio da língua do projeto em cada zona. Os membros da equipa têm de ser capazes de comunicar tão bem, se não melhor, quando existe uma colaboração e cooperação internacional. A comunicação à distância, sem interação presencial, cria frequentemente incertezas, o que pode causar problemas com risco potencial para a segurança das operações e, consequentemente, do projeto.

Cada membro da equipa deve ser considerado e avaliado quanto às suas capacidades de comunicação, especialmente em termos da língua do projeto para operações críticas nas salas de controlo e para a coordenação das operações da sala de controlo em todos os locais. Assegurar o nível correto de competências de comunicação diminuirá o risco para as operações e melhorará a robustez das operações e do projeto em geral.

3.1.2 Formação

A formação é uma parte essencial do ambiente operacional, em termos de preparação do pessoal operacional para poder atuar e reagir da forma mais adequada e, muitas vezes, atempada. Sem formação, as missões e os projectos espaciais não arrancariam, fracassariam ou, pior ainda, poderiam pôr em perigo a vida dos engenheiros espaciais (também conhecidos como astronautas). Não só precisamos de pagar e administrar a formação, como também precisamos de garantir que a formação que administramos é de alta qualidade e adaptada com precisão e especificamente aos requisitos da missão ou do projeto. A formação influencia significativamente o nível de atenuação dos riscos e, por conseguinte, aumenta o nível de robustez de um projeto ou missão.

Figura 2 - Formação e certificação de operações
3.1.2.1 Formação geral da equipa

É óbvio que temos de considerar vários graus de formação geral, mas o que queremos dizer exatamente com "geral"? Num ambiente operacional, geral pode significar uma multiplicidade de coisas diferentes, dependendo da missão, do projeto, da empresa ou organização, do país e da cultura. Por exemplo, podemos incluir módulos de formação destinados a compreender os planos de turnos para o trabalho por turnos, as regras de segurança contra incêndios e de saúde quando se trabalha à noite, como efetuar uma visita VIP, etc.

3.1.2.2 Formação em operações

Dependendo do ramo da equipa de operações (operações de voo, operações em terra, etc.), deve haver alguma formação sobre as normas ECSS, a fim de realçar a importância dessas normas. As operações de voo e as operações em terra estarão ambas interessadas na série de normas ECSS-E-70, por exemplo. A incorporação das normas ECSS no programa de formação reforçará o conhecimento de base dos processos aceites habitualmente utilizados na indústria espacial, especialmente quando o projeto tiver de estabelecer ligações e coordenar com a Agência Espacial Europeia, ESA. Melhorar a formação da equipa de operações significa também melhorar a consciência, as capacidades e os conhecimentos dos membros da equipa. Isto traduz-se numa redução da incerteza e da desinformação no seio da equipa e no ambiente das operações. Como podemos melhorar o conhecimento das operações na equipa mais do que através do atual sistema de formação? Uma forma é introduzir uma "Base de Conhecimentos" que pode ser baseada numa espécie de base de dados de conhecimentos de operações ao estilo da Wikipédia. A Base de Conhecimentos (ou KB, abreviadamente) seria uma coleção de informação de operações sobre os veículos espaciais e os sistemas terrestres e quaisquer outros aspectos das operações espaciais e terrestres, que estaria disponível e acessível a todo o pessoal de operações, para além dos seus materiais de formação e outra documentação de operações.

A introdução de apresentações regulares sobre aspectos técnicos da nave espacial pela equipa de operações de voo, por exemplo, facilitará a prestação de formação contínua. Não tem de ser uma grande sobrecarga, mas uma apresentação de uma hora por mês, feita por um membro diferente da equipa de cada vez, aumentará o conhecimento geral da equipa e, ao mesmo tempo que a equipa estará a aprender algo sobre o seu trabalho, terá também a oportunidade de relaxar um pouco das suas tarefas habituais, mesmo que seja apenas por uma hora. É evidente que o apresentador necessitará de algum tempo para preparar a apresentação, o que deve ser tido em consideração pela direção e deve ser previsto um subsídio para o trabalho de preparação (talvez possa ser atribuído meio dia de trabalho a cada apresentação). O tema deve ser técnico, como as tendências e o comportamento dos subsistemas das naves espaciais, mas pode ser qualquer outro tema ou área relacionada com o projeto ou missão específicos. Este esforço não constitui uma sobrecarga significativa em termos de tempo e recursos, quando considerado como 1+4 horas por mês para um membro da equipa; quando há 15 membros da equipa, isto equivale a 75 horas de esforço ao longo de 15 meses. A rotação do apresentador todos os meses significa que cada membro da equipa tem a oportunidade de apresentar algo interessante, o que também contribui para a formação global da equipa.

3.1.3 Documentos de controlo da interface

Normalmente, consideramos também a inclusão de Documentos de Controlo das

Interfaces (DCI), que são aplicáveis não só às interfaces entre equipamentos técnicos, mas também às interfaces entre pessoas, equipas, departamentos, empresas, etc. É necessário implementar um conjunto de DCI para todas as interfaces presentes no ambiente de operações, tanto técnicas como humanas. Isto é especialmente importante no caso da interface entre equipas nos ambientes de operações em direto (sala de controlo) e quando existem diferenças na língua nativa como língua principal, a fim de garantir, tanto quanto possível, a comunicação exacta e inequívoca das informações sobre as operações. Qualquer ambiguidade ou erro pode ser potencialmente arriscado ou mesmo de alto risco para as operações da nave espacial, por exemplo, e devemos evitá-lo a todo o custo.

3.1.4 Loops de voz e protocolo

A utilização de linhas de comunicação dedicadas e fiáveis também deve ser utilizada neste caso para facilitar a interface com equipamento técnico de comunicações fiável, para além da utilização de CDI. A utilização do alfabeto fonético deve também ser uma prática corrente e parte integrante de qualquer formação em interface, bem como um nível normalizado de protocolo vocal e regras de linguagem utilizadas. A aplicação das normas ECSS e de outras normas operacionais para as comunicações vocais deve ser utilizada. A utilização de algumas normas do sector da aviação para as comunicações vocais poderá ser aplicada, por exemplo, através da Autoridade Europeia para a Segurança da Aviação, AESA.

3.1.5 Continuidade da equipa

Mesmo quando consideramos a equipa como um todo, sem a dividirmos mais, podemos ver que existe uma dinâmica de equipa em termos de pessoas que entram e saem da equipa. Quando há uma elevada rotatividade na equipa, isso significa que existe uma instabilidade proporcionalmente elevada e uma quantidade mensurável de robustez reduzida (considerada como um risco acrescido). Se os membros de uma equipa mudam frequentemente, isso significa que a equipa tem de ajustar frequentemente a atribuição de recursos às tarefas e redistribuir esses recursos para ser a equipa mais eficaz possível.

Por exemplo, se uma pessoa experiente (a) deixa a equipa depois de ter apoiado uma determinada função durante 3 anos e uma nova pessoa (b) é contratada para substituir esse apoio, então a equipa precisa de cobrir as tarefas que (a) estava a apoiar eficazmente com outros recursos até que o novo membro da equipa (b) seja formado e tenha experiência suficiente para assumir as tarefas de (a) de forma eficaz. É evidente que isto tem um efeito secundário, que é o efeito sobre os recursos temporários trazidos para cobrir eficazmente as tarefas de (a) durante a formação de (b). Este efeito assume a forma de um aumento da carga de trabalho e, muito provavelmente, de uma diminuição da eficácia nos domínios e tarefas pelos quais são normalmente responsáveis. Isto traduz-se numa perturbação da coesão da equipa e da sua eficácia global e eficiência e, por conseguinte, aumenta a instabilidade e o risco para as operações e reduz a robustez das operações. Manter a continuidade dos recursos humanos e, por conseguinte, das equipas, facilitará um ambiente de operações mais robusto com um risco reduzido associado, em comparação com uma equipa que muda frequentemente os seus membros.

3.1.6 Erro humano

Quando consideramos o comportamento dos seres humanos em geral, sabemos que estes têm tendência para cometer erros.

Não vamos entrar em discussões e análises profundas sobre como ou porquê isto acontece, uma vez que não faz parte do âmbito deste documento, vamos apenas assumir que existem boas razões para o como e o porquê e vamos considerar aqui os efeitos sobre as operações mais especificamente.

Nas operações, precisamos de ter um elevado grau de precisão devido à natureza do trabalho envolvido e ao facto de não nos podermos dar ao luxo de cometer muitos erros ou enganos quando os nossos satélites estiverem no espaço, uma vez que a recuperação de qualquer anomalia a bordo da nave espacial é dispendiosa e tem de ser feita remotamente; há muito poucas ou nenhumas hipóteses de interagir fisicamente com um satélite quando este estiver no espaço. Nesta perspetiva, é necessário empregar pessoal fiável em termos do nível de precisão com que executa as operações e o trabalho e tarefas associados a essas operações.

O erro humano é inevitável e deve ser considerado seriamente e antes da execução das operações de missão. Por outras palavras, devemos esperá-lo e adotar medidas preventivas sempre que possível para atenuar o risco, em vez de termos de realizar acções corretivas mais dispendiosas. É claro que cada ser humano é uma entidade individual e única, com a sua própria personalidade e comportamento, e alguns destes aspectos podem ser considerados antecipadamente, a fim de apoiar a atenuação do risco no potencial de erro humano, embora tal não seja fácil de conseguir. Os seres humanos também têm um comportamento dinâmico no dia a dia, dependendo de muitos factores de influência, tanto no local de trabalho como no exterior. Estas influências "indirectas" no comportamento no local de trabalho e, por conseguinte, no ambiente operacional, também têm de ser atenuadas, o que pode ser feito na fase de recrutamento até certo ponto, mas nunca a 100%. A existência de processos e procedimentos normalizados contribuirá para a redução e o risco de erro humano e este deve ser o sistema utilizado no ambiente operacional em relação a todas as acções previstas, especialmente nas operações críticas e de elevado custo. A aplicação, tanto quanto possível, das normas e práticas do ECSS no ambiente das operações reduzirá o risco e aumentará a robustez em geral.

3.1.7 Ambiente de trabalho

A estrutura e a cultura do local de trabalho, tanto física como socialmente, também podem ter uma influência significativa no desempenho humano e na precisão do trabalho, pelo que este aspeto também deve ser tido em conta na conceção e construção do ambiente e também na escolha da gestão, por exemplo. É evidente que a equipa mais eficaz é aquela que não se distrai de tarefas importantes por ter de ter em conta o seu ambiente de trabalho ou questões do seu ambiente, tais como não ter um espaço de escritório e instalações de TI designados, uma atitude negativa desnecessária por parte dos colegas ou não receber o seu salário a tempo quando tem uma família para sustentar. Há numerosos factores que devem ser considerados nesta perspetiva e que, no seu conjunto, contribuirão para um desempenho superior ou inferior e para o efeito associado na fiabilidade e solidez da sua função, individualmente e como parte de uma equipa.

3.2 Software e ferramentas de operações

O software pode ser considerado de natureza dinâmica porque é frequentemente atualizado, reparado, melhorado, aperfeiçoado ou alterado de alguma forma. A natureza dinâmica da aplicação ou ferramenta de software significa que tem um fator de risco em termos da sua fiabilidade e, por conseguinte, tem influência na robustez das operações.

Vejamos mais de perto e mais especificamente um ambiente de operações em termos das aplicações e ferramentas de software utilizadas para apoiar as operações críticas e não críticas.

3.2.1 Controlos duplos

Podemos criar mecanismos para mitigar o risco de um perspetiva técnica da interação e da interface do utilizador, incorporando diálogos de "dupla verificação" nas aplicações e ferramentas de software utilizadas, especialmente para as tarefas mais críticas como o comando da nave espacial. Estas verificações duplas podem ser tornadas visíveis sempre que se pretenda realizar uma ação, de modo a que, ao primeiro clique, a caixa de diálogo apareça e pergunte ao utilizador "Tem a certeza de que quer enviar o comando XYZ01?" ou "Tem a certeza de que quer apagar toda a base de dados do veículo espacial?", com a opção de resposta "SIM" ou "NÃO". Isto introduz um nível adicional de segurança no ambiente de operações, porque o utilizador deve então decidir conscientemente se a ação pretendida é realmente a desejada e correta, antes de ser executada e irrecuperável. Obviamente, isto não garante 100% de exatidão, mas prevê-se alguma melhoria através da implementação de tais mecanismos.

3.2.2 Sistemas de controlo do solo

Os sistemas de controlo terrestre são responsáveis pela gestão da monitorização e do comando dos satélites e dos activos terrestres. Isto significa que é necessário um grande número de interfaces para gerir esses activos através da utilização de aplicações e ferramentas de software especificamente concebidas para os requisitos do sistema. O sistema de controlo terrestre é um sistema técnico complexo e deve ser considerado cuidadosamente.

São múltiplos os elementos que compõem um sistema deste tipo em termos de hardware e software. Os elementos de software estão em constante evolução, o que significa que são altamente dinâmicos e têm um papel significativo a desempenhar na robustez global do ambiente de operações; na verdade, para além dos satélites e das estações terrestres, os sistemas de controlo em terra são o núcleo das operações de uma perspetiva técnica.

É evidente que as alterações são muito frequentes e que, de cada vez que uma alteração é efectuada, existe uma incerteza relativa quanto ao seu fator de estabilidade como componente e como parte do sistema que interage com outros elementos. Um sistema de controlo de naves espaciais[2] , por exemplo, pode ser alterado com muita frequência com a aplicação de correcções de erros, actualizações planeadas ou não planeadas, incluindo correcções espontâneas de actualizações, soluções alternativas para erros que não podem ser corrigidos imediatamente mas que necessitam de medidas corretivas imediatas. Uma dinâmica tão elevada na funcionalidade, operabilidade e facilidade de utilização do sistema só pode significar um risco inerente mais elevado para as operações e, por conseguinte, uma medida reduzida de robustez no seu próprio serviço, como parte do sistema de controlo no solo e como parte das operações da missão em geral.

Como podemos melhorar ou aumentar a robustez do sistema de controlo no solo e, além disso, dos elementos individuais que compõem o sistema de controlo no solo com base nas informações limitadas acima apresentadas?

Primeiro, temos de dividir as áreas de risco num subconjunto:

   i)   Actualizações planeadas

   ii) Actualizações não planeadas

   iii) Alterações ou correcções espontâneas

   iv) Soluções alternativas

---

[2] Uma Instalação de Controlo de Veículos Espaciais fornece uma funcionalidade crítica em linha para a monitorização e controlo dos satélites, tanto para operações nominais como críticas.

Agora podemos analisar as influências negativas que aumentam o risco e afectam a robustez.

3.2.2.1 Actualizações planeadas

Na verdade, este é o subconjunto que implica o menor aumento do risco e o menor efeito na robustez e, nalguns casos, o estado do sistema de controlo no solo pode ser melhorado e tornado mais fiável através da introdução de funcionalidades novas ou melhoradas ou da correção de erros prevista. O problema é apenas durante a implementação e a transição, em que o nível de incerteza se torna tangível. Depois de a atualização ter sido efectuada de acordo com o plano de actividades, é realizado um teste de validação que pode aumentar a confiança no sistema juntamente com a sua atualização e, por conseguinte, aumentar novamente a fiabilidade. O fator de fiabilidade como função quantitativa pode ser aumentado para além do seu valor antes da atualização ou pode simplesmente igualar o valor anterior se não for observado ou percebido qualquer valor acrescentado no desempenho do sistema.

Através da identificação do ponto de maior risco (POHR), ou seja, o local onde ocorre a transição, podemos divulgar ideias para mitigar esse risco. Dado que a atualização está planeada e foi provavelmente testada com antecedência numa plataforma de desenvolvimento e teste, podemos reduzir o risco assegurando que as intenções do resultado da atualização são bem comunicadas, para além das acções que têm de ser executadas e dos efeitos ou efeitos secundários que podem surgir das partes actualizadas do software. Se fizermos uma análise suficiente e precisa para determinar quais as áreas que podem ser afectadas pelas actividades de atualização, podemos atenuar o risco através da redução do fator de incerteza .

Obviamente, existe sempre um certo grau de incerteza, mas podemos minimizá-lo através de uma análise suficiente e do aumento dos nossos conhecimentos para contrariar a incerteza. Isto significa que há um custo financeiro relacionado ou incorrido, bem como um fator de tempo que pode ser aumentado pelo esforço extra necessário para uma análise tão exaustiva. A questão que se coloca é a de saber qual é o ponto de equilíbrio entre uma análise exaustiva e de valor acrescentado e uma análise excessiva e encargos financeiros desnecessários. Parece claro que isto pode ser conseguido através de uma análise de actividades de atualização anteriores para ver se existe um padrão ou correlação entre a quantidade de análise e a redução da incerteza versus o

custos envolvidos. Poderíamos então criar um modelo normalizado do tempo "preferido" a despender na análise dos efeitos secundários e das incertezas em qualquer atualização planeada e traduzi-lo numa norma, sob a forma de um procedimento de orientação, que deveria então ser utilizado em todas as futuras actividades de atualização planeadas. Isto poderia reduzir a incerteza e o risco daí resultante e apoiar a melhoria da robustez do sistema.

3.2.2.2 Actualizações não planeadas

Trata-se claramente de uma atividade de alto risco quando não existe um plano ou uma pré-análise dos efeitos de uma determinada atualização pretendida. Tais actualizações devem ser fortemente contestadas ou, pelo menos, evitadas sempre que possível, a menos que não haja alternativa e que a situação seja considerada crítica ao ponto de o risco ser maior para as operações se a atualização não for realizada rapidamente. Trata-se, mais uma vez, de um compromisso, mas desta vez o compromisso é com a situação de maior para menor risco, o que, em princípio, deveria ser sempre o caso.

Podemos ainda tentar mitigar o risco através de uma análise imediata e, eventualmente, da introdução e aplicação de uma lista de verificação que possa ser executada rapidamente para verificar se um determinado número e tipo de verificações mínimas são efectuadas durante a atualização não planeada, como parte de um "procedimento de atualização não planeada" ou orientação normalizada. Este tipo de abordagem poderia facilitar a melhoria da robustez do processo de atualização não planeada.

3.2.2.3 Alterações ou correcções espontâneas

À semelhança *das actualizações não planeadas*, as alterações ou correcções espontâneas do software devem ser evitadas, sempre que possível, se houver pouca ou nenhuma análise e, por conseguinte, conhecimento dos possíveis efeitos secundários antes de tais alterações ou correcções serem implementadas. Estas são as actividades que provavelmente acarretam o maior risco e, por conseguinte, podem ser consideradas as menos robustas, além de terem uma influência direta ou indireta e algo incomensurável na robustez do sistema e nas operações da missão em geral. Como podemos atenuar o risco e a incerteza destas actividades? Mais uma vez, o melhor que podemos fazer é tentar evitar as actividades sempre que possível ou tentar facilitar as actividades através da aplicação de uma contra-medida adequada para reduzir os possíveis efeitos e, por conseguinte, o risco inerente. Essa contra-medida pode ser uma outra lista de verificação predefinida e normalizada, que pode ser analisada antes, durante e após a implementação da alteração ou correção. O simples facto de pegar no papel da lista de verificação e levá-lo para a atividade já é uma melhoria em relação a não ter qualquer lista de verificação. A mera existência da lista de verificação durante a atividade espontânea deve facilitar a redução do risco potencial e melhorar um pouco a robustez. Se não estiver disponível uma lista de controlo em papel, deve ser aplicada, pelo menos, uma lista de controlo mental durante o trabalho. Para tal, seria necessário um certo número de acções de formação, a fim de realçar as "práticas de trabalho" durante essas actualizações espontâneas.

Além disso, poderíamos introduzir uma regra segundo a qual essas alterações e reparações espontâneas só podem ser efectuadas pelo melhor e mais experiente perito, de modo a reduzir o risco aumentando o conhecimento e a experiência e reduzindo a incerteza de outra forma. Isto pode ter um custo financeiro mais elevado, uma vez que os peritos tendem a custar mais do que os profissionais menos experientes, mas trata-se, mais uma vez, de um compromisso que deve ser considerado como tendo o melhor resultado possível para essa situação específica e tendo em conta as outras medidas limitadas que podemos administrar para melhorar a robustez de uma atividade de risco tão elevado.

3.2.2.4 Soluções alternativas

As soluções alternativas podem ser uma solução de risco mais elevado quando consideradas numa perspetiva de médio a longo prazo, mas não têm de ser arriscadas se fizermos uma avaliação adequada e uma nova análise para melhorar o nosso conhecimento e consciência dos efeitos secundários potencialmente indesejados de tais actividades (caso a caso). Desde que as soluções sejam planeadas até certo ponto e não se transformem em *alterações ou correcções espontâneas* (ver acima), podemos atenuar o risco e tornar o processo mais robusto, bem como melhorar ou manter a robustez do sistema e das operações em geral. Como é que podemos reduzir ainda mais o risco e melhorar a robustez? A simples introdução de um processo normalizado e de um procedimento normalizado adequado de apoio ao processo já reduzirá o risco. A estratégia do processo e o conteúdo do procedimento também acarretam algum risco inerente, no entanto, este é considerado e discutido noutra secção. A implementação de soluções alternativas que não estejam bem documentadas é uma atividade de alto risco e deve ser evitada e contestada a todo o custo.

Numa situação em que uma solução de correção tenha sido implementada sem uma análise e avaliação prévias exaustivas ou sem estar bem documentada, existe claramente um risco acrescido associado que deve ser atenuado por algum trabalho de recuperação pós-implementação, como uma análise posterior dos possíveis efeitos da solução de correção em causa e a elaboração de relatórios e documentação sobre o que foi feito, como, por quem, etc.

3.2.3 Outros softwares e ferramentas

As ferramentas de operações baseadas na Web alojam normalmente um conjunto de aplicações de apoio às operações, além de oferecerem acesso aos dados e informações das operações através da Web. A estrutura e a manutenção das ferramentas de operações baseadas na Web devem, em geral, seguir os pontos acima enumerados, uma vez que as ferramentas de operações baseadas na Web são frequentemente desenvolvidas "internamente". As aplicações que residem nas ferramentas de operações baseadas na Web devem ser codificadas de forma a estarem em conformidade com as práticas de operações seguras e incluir diálogos de dupla verificação, a fim de atenuar o risco, bem como a preparação e distribuição de materiais escritos, tais como notas técnicas, procedimentos do utilizador, manuais do utilizador, que também contribuem para tornar as pessoas mais informadas e conscientes e, por conseguinte, reduzir o risco e aumentar a robustez, respetivamente. Estas práticas e princípios devem ser aplicáveis a quaisquer outras ferramentas ou aplicações de software que não tenham sido aqui mencionadas e, de facto, o ponto importante a reter é o conceito e não o caso específico.

3.2.3.1 Simulador de Nave Espacial

A disponibilidade de um simulador de veículo espacial para formação e certificação, validação de procedimentos de controlo de voo, ensaios e investigações de anomalias deve ser salientada como um fator muito importante e normalmente subestimado nos projectos espaciais. Devem estar disponíveis instalações adequadas ou mais do que adequadas para todos os membros da equipa, 24 horas por dia, 7 dias por semana, para cobrir todas as áreas operacionais acima mencionadas em apoio às operações e à preparação da missão. Deve também existir um processo adequado de reserva de simuladores para uma gestão eficiente da utilização dos simuladores e dos pedidos de utilização. A disponibilização de uma instalação adequada de simuladores de veículos espaciais melhorará a gestão da preparação das operações, da formação e da investigação de anomalias e, por conseguinte, contribuirá para tornar mais sólido todo o ambiente operacional. A formação sobre a utilização do simulador deve também ser incorporada em qualquer programa de formação de equipas. A utilização de um simulador na formação de operações é inestimável na sua capacidade de simular situações difíceis sob pressão e que o formando ou utilizador pode experimentar "offline" de uma forma operacionalmente segura. Obviamente, o valor aqui é a forma como o formando pode ser treinado e preparado para lidar com tais situações antes de estas ocorrerem com as operações e equipamentos reais. Se o formando receber formação e estiver consciente da forma como deve reagir a uma tal situação, o risco é significativamente reduzido e a robustez das operações e da missão aumentada.

3.2.3.2 Adequação das ferramentas de operações

A fim de facilitar a robustez das operações, deve haver um conjunto adequado de ferramentas de operações disponíveis para cobrir todos os aspectos das operações. Este conjunto deve incluir ecrãs de telemetria e MIMIC para operações de S/C em direto e fora de linha. Os MIMIC são importantes na medida em que proporcionam uma panorâmica visual rápida de um parâmetro, subsistema ou outra unidade operacional, o que contribui para um ambiente de trabalho operacional eficiente; como se costuma dizer, "uma imagem vale mais do que mil palavras", pelo que um MIMIC pode substituir várias listas de parâmetros da TM e proporcionar uma verificação muito mais rápida do estado de uma determinada unidade ou comportamento, embora os MIMIC não devam realmente substituir os dados de telemetria, mas sim uma representação visual de um sistema ou subsistema que produz dados de telemetria.

Outro aspeto a considerar é o número de estações de trabalho disponíveis para interação com um Simulator, também conhecido como SIM. O SIM é normalmente uma ferramenta de operações muito utilizada para vários aspectos da preparação de operações, validação, investigação de anomalias, formação, etc. Deve estar disponível um número adequado de interfaces (por exemplo, estações de trabalho) ligadas ao SIM para cobrir todas as actividades, o que é por vezes subestimado nos projectos espaciais. A adequação da disponibilidade das ferramentas operacionais deve ser considerada nas fases de conceção e desenvolvimento (C/D), mas também revista mais tarde durante a fase E, a fim de garantir que as ferramentas operacionais necessárias são fornecidas em número suficiente para apoiar as actividades planeadas e/ou previstas. Quando se faz uma revisão que resulta na constatação de que não há estações de trabalho SIM suficientes para cobrir as actividades previstas e planeadas, pode ser efectuada uma análise custo/benefício para determinar se devem ou não ser adquiridas estações de trabalho adicionais a um custo suplementar.

É evidente que dispor de um conjunto adequado de ferramentas operacionais aumentará consideravelmente a capacidade do departamento de engenharia e do pessoal para ler, analisar, interpretar e apresentar dados numa variedade de formatos. Por sua vez, isto aumentará o conhecimento e a consciencialização, reduzirá o risco e melhorará o nível geral de robustez.

3.3 Processos operacionais

Os processos operacionais são fundamentais para o sucesso ou insucesso e a robustez das operações. Os processos têm de ser normalizados, bem documentados e apoiados por diretrizes e procedimentos. Se um processo existir sem diretrizes e procedimentos, será detetável um risco inerente. Segue-se uma lista não exaustiva de processos que são normalmente observáveis num ambiente de operações e que têm todos um fator de risco implícito que contribui para a medida de robustez das operações em geral:

i) Transferência de turno

ii)   Relatórios e registo de operações

iii)   Transmitir informações

iv)   Observação e comunicação de anomalias

v)   Pedidos de alteração da configuração

vi)   Automatização de procedimentos (FOP Automation)

vii) 1 Transferência de turno

O trabalho por turnos é uma prática comum em missões e projectos espaciais, uma vez que normalmente queremos tirar o máximo partido possível da funcionalidade dos satélites em voo, o que representará uma maior taxa de rentabilidade ao longo da duração da missão. Os padrões de turnos são variados mas, para cobrir um período de 24 horas, há dois padrões principais: turnos de 12 + 12 horas e turnos de 6 + 8 + 10 horas. O primeiro tipo requer 2 trabalhadores por turno por dia e o segundo tipo requer 3 trabalhadores por turno por dia, para cobrir um período completo de 24 horas.

No início e no fim dos turnos das operações, é prática comum fazer uma transmissão adequada das actividades executadas e planeadas, bem como de quaisquer outras informações importantes de que o trabalhador do turno seguinte deva ter conhecimento. Esta deveria ser uma tarefa obrigatória e deveria haver alguma normalização na forma como a informação é transmitida (incluindo assinaturas de ambas as partes envolvidas) e no tipo de informação que é fornecida.

viii) Relatórios e registo de operações

A captação das actividades operacionais planeadas e executadas pode ser vital para reduzir o risco para a segurança das operações e pode mesmo considerar-se a possibilidade de criar um indicador-chave de desempenho (KPI) para esta atividade, a fim de garantir que a atividade é realizada de forma adequada. A exigência de uma assinatura introduz a responsabilidade, na medida em que o signatário é responsável pela exatidão e correção das informações que forneceu e subscreveu no momento da redação, por assim dizer. Isto leva a uma tendência cognitiva para ser mais exato em vez de propenso a erros e complacente. Poderiam ser definidos KPI para a elaboração de relatórios e o registo de operações, uma vez que esta é uma área vital das operações para monitorizar, acompanhar e determinar as tendências da forma como as operações decorrem ao longo do tempo, com vista a sintetizar as lições aprendidas para dar feedback sobre a melhoria da gestão e execução das operações. Naturalmente, se formos mais exactos no nosso trabalho, reduzimos o risco e, por conseguinte, aumentamos a robustez global.

8.3.2.1 Transmissão de informações (POI)

A POI é a informação que é transmitida aos controladores de equipa de turno/veículos espaciais pela Engenharia de Operações para os sensibilizar para circunstâncias especiais nas operações num determinado momento ou para uma determinada operação pretendida. Para serem eficazes, estas informações devem ser exactas e transmitidas atempadamente aos membros da equipa de turno. Esta atividade (bem como a atividade de transferência) faz claramente parte do tema mais vasto da "comunicação", que é também vital para o nível de robustez das operações em geral. Melhorar e manter estas áreas e as suas actividades assegurará um fator de risco mais baixo e, por conseguinte, uma medida de robustez mais elevada.

8.3.2.2 Observação e comunicação de anomalias

Mais uma vez, a comunicação exacta e atempada de anomalias e observações deve ser considerada como uma parte vital das actividades de execução das operações e do feedback que proporciona para gerar lições aprendidas, que podem depois ser reintroduzidas na gestão das operações como parte de um processo de melhoria. Um elemento KPI pode ser considerado aplicável como parte de um KPI de comunicação de nível superior e deve ser considerado caso a caso.

De um modo geral, os mecanismos de comunicação existentes, como uma ferramenta de comunicação e rastreio de anomalias, devem proporcionar uma funcionalidade e uma interface adequadas às necessidades de comunicação, mas sem introduzir a possibilidade de erros na comunicação. Por exemplo, deve haver uma forma normalizada de preencher os relatórios e a quantidade de texto livre introduzido deve ser limitada e analisada por uma segunda parte para garantir a sua clareza e exatidão. Limitar a introdução de texto livre tem as suas vantagens, ao reduzir o potencial de erro humano, ambiguidade ou falta de clareza, embora também tenha as suas desvantagens, uma vez que restringe a quantidade de informação que pode ser livremente fornecida nesses relatórios. De um modo geral, porém, esses relatórios devem ser concisos, mas tão informativos quanto possível no que respeita ao caso e à situação em apreço. A introdução de uma abordagem normalizada para o sector (caso já exista) poderia ser vantajosa e facilitar a manutenção de informações precisas e adequadas.

A norma industrial mais recente ECSS-Q-20-09B, Sistema de Controlo de Não Conformidade, pode ser aplicada aos processos e práticas de comunicação de anomalias.

3.4 Dados operacionais

Os dados das operações podem ser considerados um risco para a fiabilidade do projeto se os dados não forem consistentes com as expectativas ou não forem exactos. Os dados têm de ser validados periodicamente ou mesmo regularmente para garantir a sua exatidão e fiabilidade, de modo a poderem ser considerados robustos. Isto também implica um grau de segurança necessário para garantir que os dados estão protegidos, tanto quanto possível, contra erros ou adulterações. Uma vez que a missão ou o projeto tem normalmente um elevado nível de segurança associado, existe também um elevado nível de segurança para proteger os dados de quase todos os ângulos. No entanto, há que ter em conta que a própria segurança pode desempenhar um papel na fiabilidade dos dados e na sua exatidão. Por exemplo, se os dados operacionais forem encriptados, estamos a pressupor, até certo ponto, que podemos confiar na aplicação de encriptação para encriptar os dados com precisão, de modo a que, quando forem desencriptados, obtenhamos exatamente o que introduzimos. Isto deve envolver a validação e verificação da integridade dos dados, tanto antes da cifragem como depois da desencriptação.

3.5 Procedimentos operacionais

Os procedimentos de operações são um dos elementos mais importantes e críticos para a segurança das operações de todo o sistema de operações e dos processos de gestão e execução. Esta área de operações é normalmente muito bem tratada e muito tempo, esforço e ênfase são colocados na preparação, validação e implementação de procedimentos altamente precisos e fiáveis no ambiente de operações para todas as áreas, incluindo operações de voo, operações em terra, infra-estruturas e manutenção.

Idealmente, os procedimentos operacionais, especialmente para as operações de voo, são redigidos e validados (testados) e aprovados antes de serem implantados no ambiente operacional, a fim de garantir um elevado nível de segurança na execução das operações. Os processos estabelecidos para a gestão dos procedimentos de operações devem ser os melhores possíveis e devem ter normas industriais aplicadas (por exemplo, ECSS, ISO, EASA, PASO), a fim de garantir a maior fiabilidade possível através da aplicação de conhecimentos e experiência já adquiridos ao longo de décadas. A aplicação dessas normas e de quaisquer outras normas relevantes e adequadas facilitará uma menor incerteza na execução das operações e, por conseguinte, nas operações e no projeto em geral. Essas práticas aumentarão a fiabilidade e a robustez do projeto ou da missão e devem ser aplicadas o mais cedo possível ou mesmo a meio do projeto, se se verificar que essas normas não existem ou não foram aplicadas ou mesmo consideradas para aplicação até à data. A aplicação da normalização pode ser uma atividade dispendiosa, embora deva ser considerada como um investimento e não como uma despesa geral, uma vez que os benefícios renderão dividendos a médio e longo prazo.

As últimas ECSS-E-ST-70-01C, Spacecraft On-board Control Procedures e ECSS-E-ST-70-32C, Test and Operations Procedure Language podem ser aplicadas à definição de procedimentos e requisitos de desenvolvimento.

3.5.1 Pedidos de alteração de procedimentos (PCR)

Um processo de alteração de procedimentos tem de ser sólido para garantir que o volume de erros humanos e/ou de erros relacionados com o software seja reduzido ao mínimo. Isto inclui erros nas informações partilhadas e comunicadas, bem como nos próprios pedidos de alteração de procedimentos (PCR). Há vários componentes a considerar na gestão das PCR, incluindo a redação das PCR e a implementação das PCR nos procedimentos. Trata-se de um processo, pelo que os pontos descritos na secção 5.3 (Processos Operacionais) são igualmente aplicáveis a esta subsecção e a este tópico. É evidente que a redação e a implementação das PCR devem ser precisas e robustas, de modo a garantir que o produto final, o procedimento, se encontra no seu estado mais preciso e correto, de modo a que, quando é executado, atinja o resultado desejado sem erros nem anomalias.

Mais uma vez, podemos facilitar a melhoria da robustez introduzindo e aderindo à normalização do processo. Sempre que for possível utilizar uma norma da indústria, devemos fazê-lo, uma vez que é provável que seja mais robusta do que um processo que inventamos de improviso, uma vez que o processo normalizado terá sido experimentado, testado, revisto e validado mais do que uma vez e, subsequentemente, ajustado e melhorado ao longo do tempo, em comparação com algo que inventamos à medida que avançamos. No entanto, a criatividade para melhorar o processo deve ser considerada e tida em conta, uma vez que há sempre espaço para melhorias, independentemente do tempo que um processo normalizado tenha sido estabelecido.

Se não existir uma norma industrial, é necessário efetuar uma análise e uma auditoria exaustivas para identificar lacunas, falhas e problemas no processo existente. Uma análise dessas lacunas, buracos e problemas deve então produzir ideias para reduzir ou eliminar esses elementos de influência negativa, o que, por sua vez, facilitará a robustez do processo. Isto tem, naturalmente, um efeito positivo na robustez global das operações em termos da soma das partes.

A norma industrial mais recente ECSS-E-ST-70-01C, Spacecraft On-board Control Procedures e ECSS-Q-20-09B, Non-conformance Control System, pode ser aplicada ao processo de pedidos de alteração de procedimentos.

3.5.2 Automatização de procedimentos

A automatização dos procedimentos de operações de voo é uma função avançada crítica da execução de operações no que respeita à monitorização e ao comando de satélites. A automatização tenta tornar possível a execução de procedimentos para a execução de comandos e actividades sem grande interação de um membro da equipa de turno/controlador do veículo espacial. Com esta automatização, é possível eliminar algum do risco potencial de erro humano, desde que a configuração inicial do procedimento automatizado seja precisa e correta. A eliminação do erro humano aumenta a fiabilidade dessas operações e, por conseguinte, a robustez das operações em geral, mas como podemos garantir que a própria automatização do procedimento é robusta? Trata-se, essencialmente, do mesmo que em qualquer outro domínio: é necessário reduzir a incerteza e o risco no processo e nos mecanismos de automatização. Isto pode ser conseguido através da implementação da normalização da automatização e dos procedimentos automatizados, respetivamente, bem como da garantia de que foi efectuada uma pré-análise e uma preparação exaustivas por um perito ou por um profissional altamente qualificado e experiente neste domínio. O "anfitrião" tem de ser fiável em termos do sistema operativo de hardware e software que nele funciona e que fornece a plataforma de base para o funcionamento da(s) aplicação(ões) de automatização. Isto deve incluir um nível adequado de redundância do sistema em termos da abordagem habitual da indústria espacial de ter um sistema principal e um sistema de reserva (por exemplo, servidores principais e de reserva).

Todas as interfaces associadas, tanto internas como externas ao sistema de automação, têm de ser robustas, ou seja, fiáveis, para que toda a automação seja globalmente fiável. Isto pode e faz da automação do procedimento de operações de voo um sistema complexo e, sem uma quantidade rigorosa de testes e validação, o uso de tal sistema seria extremamente arriscado e muito imprudente. É também uma área de operações que requer atenção e manutenção frequentes para "afinar" o sistema e a sua precisão.

A mais recente ECSS-E-ST-70-32C, Linguagem de Procedimentos de Teste e Operações, pode ser aplicada ao desenvolvimento da automatização de procedimentos.

3.5.3 Automatização de procedimentos de grande volume

A introdução da automatização proporcionará alguma segurança e fiabilidade à execução dos procedimentos, tal como acima descrito, mas se for implementado um elevado volume de automatização de procedimentos, tal pode criar um volume potencialmente elevado de trabalho de manutenção para a própria automatização de procedimentos e aumentar inevitavelmente o número de problemas e anomalias encontrados com os procedimentos automatizados. É evidente que, com a implementação de apenas um procedimento automatizado em 10 veículos espaciais, já existe um potencial de erro em 10 procedimentos. Se encararmos o cenário de forma realista, podemos esperar automatizar 10 ou mais procedimentos por veículo espacial, perfazendo um total de 100 ou mais procedimentos que requerem manutenção em termos de possíveis erros na codificação do software, nas respectivas interfaces de cada procedimento com outros sistemas e elementos do sistema de controlo em terra e de erros de execução, bem como de gralhas no conteúdo do procedimento, etc.

Há muitos factores que devem ser considerados antes e durante a implementação da automatização de procedimentos. Um aspeto que pode aumentar a fiabilidade e a rastreabilidade do processo e da implementação do sistema é garantir que tudo está bem documentado e que os documentos são bem mantidos. Quando são efectuadas actualizações ao sistema, estas devem ser reflectidas na documentação, respetivamente. Isto contribuirá para a robustez da automatização e, por conseguinte, para a robustez das operações e do projeto em geral.

A mais recente ECSS-E-ST-70-32C, Linguagem de Procedimentos de Teste e Operações, pode ser aplicada ao desenvolvimento da automatização de procedimentos.

3.5.4 Automatização do procedimento de operações da Constellation

medida que as operações de projeto evoluem para operações de constelação com cada vez mais S/C, e com cada vez mais procedimentos automatizados, temos de considerar o papel dos membros da equipa de turno ou spacons (controladores de naves espaciais) e garantir que é compreendido e planeado para que o seu papel evolua conforme necessário: a equipa de turno terá menos operações manuais com que interagir e, por conseguinte, a sua função deve evoluir para uma que esteja mais orientada para a monitorização da execução do procedimento automatizado. Eles precisarão de treinamento sobre isso e precisarão de treinamento de atualização de operações periodicamente ou regularmente para que permaneçam eficazes nessa posição. Isto também se aplica aos engenheiros de voo na medida em que eles precisam estar cientes dos requisitos para lidar com anomalias com procedimentos automatizados em comparação com procedimentos de operações executados manualmente.

3.5.5 Base de dados de operações (ODB)

A ODB é considerada um elemento altamente dinâmico das operações da missão e considerada de alto risco devido a esta dinâmica de alto nível. A ODB é outro elemento crítico das operações e sem ela nada seria feito em termos de comando e monitorização do veículo espacial. A ODB mantém operações de missão críticas e dados de parâmetros que precisam de ser mantidos com um elevado grau de fiabilidade e integridade, a fim de garantir a segurança das operações quando envolvem a utilização desses dados. É evidente que esta é uma área que precisa de ter um elevado nível de robustez e talvez mesmo um baixo nível de dinâmica em termos de alterações, actualizações, melhoramentos, etc. Por isso, temos de refletir sobre a forma como podemos facilitar um nível mais elevado de robustez.

A introdução de congelamentos de bases de dados seria uma forma de reduzir o risco para as operações, assegurando que uma versão estável de uma ODB é congelada e inalterável algum tempo antes e antes de uma operação crítica, como o lançamento de um veículo espacial ou operações sazonais críticas, como os eclipses. As únicas alterações que podem ser permitidas em circunstâncias excepcionais durante o congelamento devem ser correcções de emergência, em que se tenha verificado que uma parte crítica da ODB precisa de ser actualizada para evitar um risco grave para as operações da nave espacial ou para a própria nave espacial. Tudo o resto deve ser contestado até depois do período crítico. De um modo geral, o volume e a frequência das actualizações, alterações, correcções, etc. devem ser reduzidos ao mínimo quando uma missão sai da fase de validação em órbita (IOV), mas isso depende muito da conceção da missão. Todas as alterações à base de dados têm de ser pré-analisadas em termos do seu efeito secundário previsto para o resto da estrutura e funcionalidade da base de dados, bem como para os próprios dados, antes de serem implementadas. Para a implementação de tais alterações, deve ser seguido um procedimento e todas as alterações devem ser documentadas em pormenor. Naturalmente, todas as alterações introduzidas têm de ser testadas para garantir que são fiáveis e não interferiram com a operacionalidade, fiabilidade e integridade da ODB de uma forma não esperada ou prevista. Deverá existir um processo bem definido e aprovado para a gestão das alterações à base de dados, que deverá envolver a utilização de normas do sector (por exemplo, ECSS, ISO), bem como um procedimento normalizado.

A entrega de subelementos da base de dados, como os conjuntos de parâmetros do fabricante de satélites, deve ser feita atempadamente, de acordo com um calendário bem definido e sólido, e deve ser gerida por um gestor de calendário e de projeto, a fim de garantir a entrega atempada. Este elemento da gestão do ODB é fundamental para a evolução do ODB, bem como para a atualização atempada e a segurança das operações. Os atrasos nas entregas de subelementos ou conjuntos de parâmetros podem ter um impacto grave no calendário geral do projeto e podem ter efeitos e atrasos significativos nas etapas do projeto relacionadas com a disponibilidade da ODB ou mesmo um atraso no lançamento de um S/C.

Capítulo 4
4. Gestão da manutenção

É evidente que o ambiente operacional não seria tão fiável em termos de disponibilidade de infra-estruturas e sistemas, disponibilidade e fiabilidade do software sem o devido cuidado e atenção à manutenção destes elementos importantes, se não mesmo críticos.

Sem os postos de trabalho e as consolas de operações, não seria possível realizar operações. A manutenção preventiva e a manutenção corretiva são ambas utilizadas no ambiente de operações e, sempre que possível, devemos sempre dar preferência à manutenção preventiva em vez da corretiva, uma vez que a prevenção de incidentes aumenta efetivamente a robustez das operações em geral.

A gestão da manutenção também inclui a gestão da obsolescência, em que um plano e um calendário, se possível, devem ser implementados como parte de um plano de manutenção global e, por sua vez, como parte de um plano de gestão do projeto. Saber antecipadamente quando o equipamento se tornará obsoleto ou precisará de ser substituído também aumentará a robustez do projeto ou da missão.

Capítulo 5

5 Indicadores-chave de risco (KRI)

A robustez do ambiente operacional também pode ser aumentada através da melhoria do processo de gestão do risco e da introdução de indicadores-chave de risco para facilitar uma estratégia sólida de gestão do risco.

Os KRIs são uma componente essencial do quadro de Gestão do Risco Operacional e devem ser utilizados para estabelecer a transparência básica e as obrigações de comunicação, medir e monitorizar o risco operacional em todo o projeto num formato consistente e fornecer um "indicador de alerta precoce" de potenciais falhas do processo e/ou problemas de controlo.

Os KRIs também devem realçar as áreas de alto risco, a fim de afetar recursos de forma mais eficaz, realizar análises de sensibilidade e/ou testes de stress sobre as taxas de exceção, fornecer relatórios de alto nível sobre o risco operacional e o processo/controlo à gestão de linha da empresa/comité de risco do projeto e estimar o custo (nível de perda) devido ao risco operacional. No Anexo 1, no final deste livro, tentei reconstruir um Quadro de Gestão do Risco Operacional existente para se adequar mais especificamente ao ambiente das operações de satélite. Tentei também apresentar um exemplo de fluxo de processos ORM sob a forma de um fluxograma, que pode ser utilizado ou adaptado para utilização num determinado ambiente operacional.

Capítulo 6
6 Interfaces externas

Com a missão ou o projeto, pode haver muitas interfaces externas com contratantes e subcontratantes na indústria para vários aspectos dos elementos e sistemas do programa. Esta pode ser uma atividade complexa e morosa e tem de ser considerada com muito cuidado, de modo a garantir que não haja impacto no tempo do projeto global, para que os objectivos sejam atingidos como planeado. Se for atribuído demasiado tempo a esta área, pode reduzir o tempo disponível para outras actividades, o que pode aumentar o nível de risco, o que, por sua vez, reduziria a robustez global.

6.1 Entregas atempadas da indústria

Este aspeto deve ser gerido pelo próprio projeto, a fim de garantir que as etapas do projeto são atingidas atempadamente e de modo a não implicar encargos financeiros adicionais para o projeto - os atrasos custam dinheiro. Os Acordos de Nível de Serviço (SLA), os Acordos de Nível de Operações (OLA) e os contratos de entrega devem ser estabelecidos desde o início, incluindo um regime de penalizações em caso de atraso na entrega de elementos críticos, etc.

No caso extremo de um subcontratante atrasar as suas entregas com frequência ou de forma prolongada, o que tem um impacto no cumprimento das metas do calendário do projeto, pode considerar-se a hipótese de remover ou substituir essa entidade por uma mais fiável. Mesmo que haja um custo inicial envolvido na mudança, deve ser tido em consideração se a mudança poupará dinheiro a médio e longo prazo do projeto.

Resumo e conclusão

Nos capítulos anteriores, analisámos muitos aspectos dos sistemas e elementos dinâmicos das operações espaciais e, em particular, o ambiente da sala de controlo das operações. Analisámos sistematicamente as partes constituintes dos sistemas e elementos associados a partir de várias perspectivas, a fim de podermos alcançar um elevado nível de robustez para cada elemento, sistema e para a missão ou projeto em geral. Apresentámos também um modelo matemático representativo, que pode ser aplicado a qualquer ambiente de operações com valores próprios arbitrários.

De facto, vimos como são muitas as variáveis e os factores que têm de ser considerados se quisermos atingir um elevado nível de robustez. O ambiente das operações de satélites é extremamente complexo, com uma incerteza quase ilimitada e, como tal, não podemos conceber a cobertura de todos os aspectos que seriam necessários para atingir 100% de robustez.

As missões e projectos de operações de satélites podem variar muito no seu objetivo, bem como em muitos outros aspectos ao longo das fases A a F da missão e, por isso, não esgotámos a lista de potenciais sistemas e elementos, dinâmicos ou estáticos, que podem estar presentes. Em vez disso, tentei abranger uma série de elementos e sistemas que podem ser encontrados mais frequentemente nos ambientes de operações espaciais a nível europeu e internacional como introdução à robustez nas operações de satélites.

Estudo de caso 1: O programa Galileu

O Programa Galileo é uma iniciativa europeia de navegação por satélite financiada pela Comissão Europeia (CE) através de uma colaboração com a Agência Espacial Europeia (ESA). A diretiva visa implantar uma frota de cerca de 30 satélites numa órbita terrestre média (MEO) de cerca de 22.000 km para permitir a cobertura terrestre da Europa e do Norte de África e fornecer serviços de navegação por satélite para fins militares,

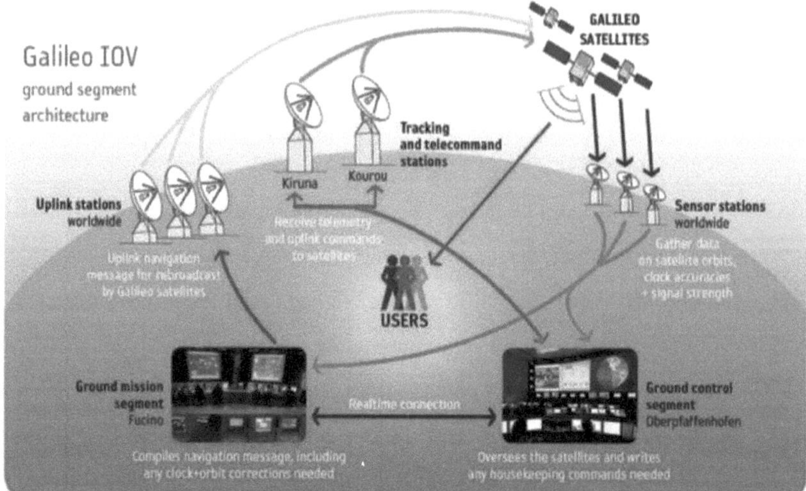

Figura 3 - Arquitetura do segmento terrestre do Galileo IOV. [Imagem: ESA]
utilizadores comerciais e públicos. O Galileu é complexo não só do ponto de vista político e comercial, devido ao volume de infra-estruturas necessárias para a realização da missão, mas também do ponto de vista técnico.

Devido a este grande volume de infra-estruturas e à complexidade técnica envolvida na coordenação de todos os cerca de 30 satélites com cerca de 4 antenas de estações terrestres designadas, bem como de cerca de 40+ estações de teledeteção implantadas em todo o mundo e dos vários centros de operações e centros de utilizadores implantados em toda a Europa, é vital atingir um elevado nível de robustez para e com todos estes bens. A conceção, o desenvolvimento, o ensaio, a validação e a implementação final de todos estes elementos do programa e do projeto de missão são confiados a uma variedade de empresas e organizações contratantes e subcontratantes. Empresas como a Orbital High-tec Bremen (OHB) e a Airbus Defence and Space foram bem sucedidas na adjudicação dos contratos de conceção e desenvolvimento da frota de satélites. Este facto implica, por si só, a possibilidade de existirem diferenças na conceção e construção dos satélites, uma vez que cada empresa tem a sua própria estratégia e experiência no que diz respeito à conceção e aos componentes ou sistemas e software a integrar em cada satélite. Com esta simples diferença, não há homogeneidade em toda a frota de satélites e a ausência de homogeneidade resulta na necessidade de mais considerações com maior risco relativo e aplicável e, por sua vez, um nível de robustez inferior ao que existiria se houvesse homogeneidade na frota de satélites.

Considere mais especificamente a possibilidade de o software de bordo do satélite ser desenvolvido por duas empresas diferentes e, muito provavelmente, por pessoas diferentes a desenvolver o software. Potencialmente, duas versões distintas de um software de bordo que será utilizado para controlar todos os subsistemas de bordo do satélite. Isto tem implicações para a robustez da missão porque terá um impacto direto nas operações - serão necessários dois tipos diferentes de formação para os engenheiros de operações e os controladores, porque todos eles precisam de receber formação sobre o funcionamento do software antes de o utilizarem, para que haja um nível de risco mais baixo e se atinja um nível de robustez mais elevado. Este é apenas um exemplo, mas há outras implicações envolvidas quando existem dois tipos diferentes de software a bordo. Como mencionado no início deste livro, normalmente investimos mais nos sistemas de satélite porque não podemos alterá-los facilmente quando estão no espaço, no entanto, o software de bordo é uma coisa que pode ser alterada, actualizada, corrigida ou eliminada remotamente a partir do solo e isto não é por acaso. Este facto tem vantagens e desvantagens, porque significa que o software de bordo é um elemento dinâmico e não um elemento estático do satélite, logo um elemento com um grau de risco mais elevado.

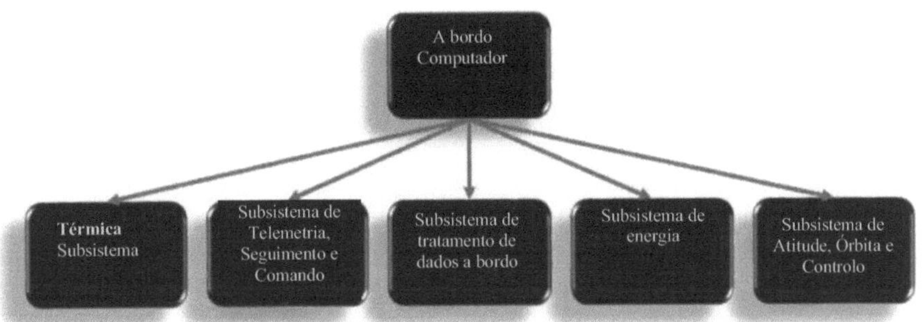

Figura 4 - Configuração típica dos subsistemas de satélite.

É evidente que qualquer elemento (ou, neste caso, subsistema) que interaja com o software de bordo, e vice-versa, pode ser afetado por qualquer alteração ou atualização que lhe seja aplicada. Outro ponto importante a notar é que o esforço necessário para depurar, testar, validar e reimplementar qualquer alteração ou atualização do software de bordo exige mais esforço do que com o software em sistemas no solo.

A partir destes exemplos simples, é fácil ver a complexidade da missão e do sistema Galileu e que a obtenção de um elevado nível de robustez nessa missão exigirá um investimento e um esforço financeiro significativos.

Estudo de caso 2: A Estação Espacial Internacional

A Estação Espacial Internacional (ISS) não se enquadra verdadeiramente nas "operações de satélite" devido ao facto de ser uma missão espacial tripulada, mas para efeitos de comparação entre diferentes tipos de missões espaciais, quero abordar a missão em termos gerais no que diz respeito ao tema da robustez. Por conseguinte, neste capítulo, partiremos do princípio de que a ISS é um satélite em órbita da Terra apenas

Figura 5 - A Estação Espacial Internacional [Imagem: ESA]

como qualquer satélite "não tripulado", como o referido no capítulo anterior, que abordou o programa Galileu.

Como já foi referido, o que separa a ISS das missões por satélite é o facto de ser tripulada, ou seja, há homens e mulheres, seres humanos que viajam para a estrutura da ISS e aí realizam várias actividades. O aspeto mais importante a ter em conta na comparação entre missões e operações tripuladas e não tripuladas é a segurança.

A segurança das pessoas que viajam para a ISS (conhecidas como a tripulação e individualmente como Flight Engineers ou Astronautas) é da maior importância. Preocupamo-nos com o nosso pessoal e, por isso, temos de proporcionar um sistema em que todos os elementos com os quais a tripulação entra em contacto sejam "seguros". A palavra "seguro" significa apenas que foram adoptadas medidas para garantir o mínimo de risco possível com base em considerações e cálculos definidos. No entanto, não é possível eliminar todos os riscos ou tornar algo 100% seguro, uma vez que existe sempre uma magnitude de incerteza que não podemos contabilizar e que se traduz na magnitude do risco residual. Sem a tripulação, a ISS tornar-se-ia uma lata vazia, sem qualquer utilidade real em termos da sua conceção e função originais. Tornar-se-ia apenas mais um satélite não tripulado, mas sem uma função valiosa.

A ISS é um satélite (ou nave espacial) concebido especificamente com o objetivo de alojar astronautas durante períodos prolongados, para que possam realizar várias actividades, incluindo experiências científicas em microgravidade[3] num ambiente e atmosfera artificialmente sustentados. É certamente o projeto de engenharia mais pungente que os seres humanos alguma vez empreenderam, mas produziu alguns resultados científicos maravilhosos e uma maior compreensão do ambiente do espaço e dos efeitos da microgravidade.

Os sistemas de bordo da ISS e os sistemas de controlo em terra são muito complexos e requerem uma consideração e uma análise exaustivas na sua conceção antes mesmo de chegarem à fase de desenvolvimento. Cada elemento tem de ser seguro em muitos aspectos para garantir a segurança da tripulação de todas as formas possíveis e também tem de ser extremamente fiável para garantir os elevados níveis de segurança. De facto, o aspeto da segurança das missões espaciais tripuladas é tão importante que exige uma enorme quantidade de tempo, esforço e recursos financeiros para ser alcançado e mantido. Por isso, o que estamos a fazer é tentar alcançar um nível muito elevado de robustez em todos os sistemas e elementos e na missão em geral. Parece-me familiar,

---

[3] A microgravidade é uma condição, especialmente na órbita espacial, em que a força da gravidade é tão fraca que resulta na ausência de peso. Fonte: www.dictionary.com

certo? Na essência, não é diferente de uma missão de satélite não tripulado, exceto que o nível de robustez de alguns elementos e sistemas tem de ser ainda mais elevado para salvaguardar as vidas da tripulação.

Figura 6 - Astronauta a jogar xadrez a bordo da ISS [Crédito: NASA]

Se considerarmos, por exemplo, o sistema de comunicações (COMMS) a bordo da ISS, temos de garantir que o sistema COMMS é muito fiável e robusto, para que a tripulação tenha a possibilidade de falar com os engenheiros de terra e o pessoal de apoio sobre todos os assuntos, desde os mais importantes, os sistemas de apoio à vida, passando pela coordenação das actividades com uma determinada experiência científica, até ao jogo de xadrez para fins de descanso e relaxamento. O sistema COMMS tem regras e procedimentos rigorosos associados à sua utilização, para que possa ser mantido de forma controlada. Sem um sistema COMMS robusto, a tripulação não teria qualquer forma de comunicar com as equipas de operações e de apoio em terra e a missão seria rapidamente interrompida ou, pior ainda, poderia acontecer algo a bordo da ISS que não fosse comunicável às equipas em terra e que causasse um risco de vida à tripulação, que esta poderia não saber como resolver por si própria. Para uma missão deste tipo, para além do sistema de energia e do sistema de suporte de vida (por exemplo, atmosfera artificial respirável), o sistema COMMS é provavelmente o mais importante de todos os sistemas a bordo.

A robustez dos sistemas a bordo da ISS é apenas uma perspetiva, mas, de facto, temos de considerar um elevado grau de robustez nos sistemas de controlo em terra que facilitam a comunicação terra-espaço.

O outro elemento que ainda não mencionámos é o veículo de transferência. A tripulação deve ser transferida da superfície da Terra para o veículo espacial da ISS por meio de um veículo de transferência . Muitas pessoas lembrar-se-ão de que o veículo utilizado para muitas transferências foi o Space Shuttle, concebido e desenvolvido para uso da NASA e especificamente para o transporte da tripulação, dos abastecimentos e do equipamento para a ISS.

Figura 7 - A tripulação da missão STS-122 à ISS. [Crédito: NASA]

As missões que envolviam a utilização do vaivém espacial eram designadas com o prefixo STS-, que significa Shuttle Transport System.

Todos os aspectos do Space Shuttle tiveram de ser exaustivamente testados e validados antes de poderem ser utilizados para transportar a tripulação para a ISS a cerca de 600 km acima da superfície da Terra. Mesmo com um elevado grau de testes e um controlo rigoroso, as coisas não correram como planeado em todas as ocasiões, houve uma falha nos processos aplicados à verificação, aos testes e à preparação do veículo e dos seus sistemas, o que acabou por resultar num desastre e na perda de vidas humanas. Podemos tentar o nosso melhor para alcançar o mais alto nível de robustez na nossa missão, sistemas e elementos associados, mas há sempre um grau de incerteza que não podemos ter em conta, independentemente do tempo, esforço e recursos financeiros que tenhamos de investir ou tenhamos investido. É algo de que todos temos de estar conscientes quando concebemos e desenvolvemos ou melhoramos sistemas em operações espaciais e de satélites para os tornar robustos.

O futuro das operações de naves espaciais

Embora o sector espacial, e outra parte que é agora conhecida como "negócio espacial", estejam a expandir-se e a evoluir mais do que anteriormente, temos de estar conscientes do facto de o ambiente operacional estar a evoluir a um ritmo de mudança inferior. Isto deve-se principalmente à quantidade de fiabilidade exigida numa indústria (ou empresa) deste tipo e, em particular, num ambiente deste tipo, a fim de salvaguardar uma taxa de retorno aceitável do investimento, quer se trate de retorno financeiro, de retorno de dados científicos ou de outro tipo. Infelizmente, a fiabilidade é um fator de custo elevado na robustez de uma missão espacial, uma vez que exige um investimento de tempo para conceber, desenvolver, testar e implementar sistemas mais fiáveis através da aplicação dos ensinamentos colhidos e com base nos mesmos. Estes factores de investimento de elevado custo/tempo atrasam, portanto, a evolução. Empresas e organizações como a SpaceX e a NASA, com os maiores recursos financeiros ou orçamentos para projectos, estarão em melhor posição para uma evolução e progressão mais rápidas em termos da tecnologia que podem pagar e utilizar, enquanto as empresas e organizações mais pequenas e menos financiadas continuarão a andar na cauda das entidades maiores, jogando um jogo de recuperação.

O que é claro é que será necessária uma cooperação e colaboração internacionais significativamente maiores se quisermos realizar qualquer um dos nossos sonhos mais aventureiros de exploração espacial "interplanetária", ou seja, "interestelar". Com o mega-financiamento possível através dessa cooperação internacional, a fiabilidade e a robustez tornam-se mais exequíveis e poderemos vir a atingir alguns desses objectivos nas próximas décadas e, certamente, no próximo século.

Anexo 1 Gestão Robusta do Risco das Operações (R-ORM)[4]

Identificação e definição de riscos

Em primeiro lugar, precisamos de compreender o âmbito dos riscos a que o sistema e a sua estratégia estão expostos. O gestor do risco operacional deve analisar a atividade atual e a estratégia para a atividade futura em função da lista de riscos possíveis. A própria lista de riscos possíveis será definida pelo âmbito do quadro ORM.

Os tipos de risco que podem ser incluídos dependerão do caso específico relacionado com a área de operações em causa. Uma vez definidos os riscos para as operações, estes podem ser afectados a funções individuais.

O resultado deste processo é a criação de um registo de riscos e elementos relacionados. Estes elementos relacionados incluem: políticas e procedimentos, regulamentos, controlos, testes e indicadores. É vital que este registo seja criado para que as ligações entre os itens sejam compreendidas e a dupla contagem seja minimizada.

Riscos principais e sua gestão

A próxima etapa do desenvolvimento consiste em pôr em prática os principais processos ORM. Estes processos incluem uma autoavaliação do risco e do controlo (RCSA), indicadores-chave de risco (KRI), eventos de perda e gestão de problemas.

Autoavaliação do risco e do controlo
Um processo RCSA deve identificar os principais riscos operacionais e avaliar esses riscos em termos da sua importância global para as operações, com base na apreciação e discrição da direção de operações.

É igualmente necessário promover acções de melhoria para os riscos que são avaliados como estando fora dos limites acordados para o risco operacional. As informações sobre o risco operacional são coerentes e podem ser agregadas e comunicadas à direção para aumentar a confiança na tomada de decisões.

Indicadores-chave de risco (KRIs)

Os KRI são uma componente essencial do quadro ORM e devem ser utilizados para estabelecer um nível de transparência e obrigações de informação, medir e monitorizar

---

[4] Adaptado do original por Pike, R. *Six Stages to a Robust Operational Risk Framework*, http://www.bobsguide.com, 2011.

o risco operacional num formato coerente e fornecer um "alerta precoce" de potenciais falhas do processo e/ou problemas de controlo.

Os KRIs devem também destacar áreas de alto risco, a fim de afetar recursos de forma mais eficaz e fornecer relatórios de alto nível sobre o risco operacional e o processo/controlo à gestão de operações do comité de risco e estimar o custo (nível de perda) devido ao risco operacional.

Eventos de perda

O objetivo do processo de recolha de ocorrências de perdas é proporcionar uma abordagem coerente e estruturada para identificar, captar, analisar e comunicar as perdas operacionais. O processo de recolha de ocorrências de perdas promoverá uma gestão transparente e eficaz das ocorrências de perdas e minimizará os efeitos negativos.

Promoverá também a análise das causas profundas, que pode ser utilizada para impulsionar acções de melhoria, realçar tendências emergentes e identificar lacunas de controlo, destacando correlações entre riscos e controlos.

A recolha de eventos de perda pode também ajudar a fornecer dados objectivos, que podem ser utilizados para quantificar o risco operacional para o cálculo financeiro baseado no risco, na recolha de dados suficientes e reforçar a responsabilidade pela gestão do risco operacional. Além disso, pode ser utilizada para fornecer uma fonte de informação independente que pode contestar os dados ORA e KRI e demonstrar a conformidade com os regulamentos aceites.

Gestão de problemas

O processo de gestão de questões deve registar as questões relacionadas com a avaliação do risco, os KRI, o registo de perdas, a garantia positiva, as auditorias internas, a auditoria de conformidade e também apoiar questões ad-hoc.

Deve permitir identificar um objetivo para a questão, que pode ser alterado à medida que se obtêm mais detalhes sobre a questão, atribuir uma responsabilidade, uma prioridade e uma data de conclusão para a questão. Também deve ser utilizado para criar planos de ação e atribuir responsabilidades e datas de conclusão das acções.

Práticas sólidas de gestão de questões devem monitorizar essa situação para verificar se as acções são concluídas de forma satisfatória, proporcionar segurança para questões sensíveis, por exemplo, casos de fraude, e notificar e acompanhar automaticamente as questões. Por último, deve

fornecer relatórios para apoiar o processo de gestão de problemas e planeamento de acções e fornecer capacidades de consulta.

Relatórios standard

A terceira etapa está relacionada com a elaboração e apresentação de relatórios à direção sobre o estado dos processos de gestão do risco operacional acima referidos, que é um processo contínuo.

Um dos principais resultados desta fase deve ser a capacidade de mostrar a ligação entre os principais processos ORM através do registo de riscos. Por exemplo, deve ser possível comparar, para qualquer risco, o montante das perdas com a última avaliação. Isto revelará as áreas em que as avaliações estão desalinhadas ou em que as perdas foram inesperadas.

Principais riscos, cenários e cálculos financeiros

Esta etapa vital consiste em concentrar-se nos principais riscos para as operações e garantir que estes são bem compreendidos pela gestão e que são efectuados testes em torno destes riscos. O processo envolve a definição dos principais riscos, o desenvolvimento de cenários e o cálculo financeiro:

Definição de risco chave

Análise dos resultados dos processos ORM e decisão sobre os principais riscos para as operações e a sua estratégia. Esses riscos devem expor as operações a um fracasso total ou a um fracasso grave na realização dos objectivos estratégicos.

Desenvolvimento de cenários
Análise dos factores que podem fazer com que o risco se concretize, desenvolvimento de cenários em que esses factores são postos em causa e análise da organização nesses cenários de stress.

Cálculo financeiro

Nas situações em que é necessário calcular o financiamento do risco operacional, este processo desenvolverá esses modelos utilizando dados de todos os processos ORM e do processo de cenários.

Apetite pelo risco

Uma das partes mais importantes do quadro ORM é a fase em que se apresentam os relatórios, os principais riscos e cenários (incluindo o cálculo financeiro, se necessário) à gestão de topo e se comparam com a declaração de apetência pelo risco definida pelo conselho de administração . Este pode ser um processo iterativo, na medida em que a direção precisa de compreender a forma como os principais riscos serão comunicados, a fim de definir a sua apetência. É aqui que a ligação original do registo de riscos à estratégia entra em foco. Se conseguir fornecer ao conselho de administração os principais riscos para as operações, a missão e a sua estratégia, é mais fácil para eles anunciarem   uma pelo risco.

A segunda parte do processo consiste em tomar decisões relativamente aos riscos que estão fora da apetência pelo risco. Pode decidir-se alterar a estratégia ou fazer alterações tácticas na empresa para mitigar o risco. No segundo caso, é mais fácil comunicar a razão das mudanças operacionais se houver uma ligação explícita à estratégia.

Participação e análise da auditoria

A última etapa do desenvolvimento do quadro ORM é o envolvimento das funções "irmãs", como as operações e as equipas de auditoria. Trata-se de uma etapa vital que, na realidade, deve ser efectuada em paralelo com as outras etapas e não no final. Os dois principais objectivos desta etapa são: em primeiro lugar, obter uma análise dessas funções quanto à veracidade da estrutura da gestão de riscos operacionais, tal como se aplica a essas funções e, em segundo lugar, obter a garantia de que os vários pontos entre a gestão de riscos operacionais e as funções irmãs serão operados corretamente.

Com a aplicação deste processo em seis etapas, os gestores de risco podem ajudar a garantir a criação e a aplicação de um quadro sólido de gestão do risco. Este quadro não só permite à direção de operações gerir o risco de forma mais eficaz, como também explorar melhor a tensão dinâmica entre o risco e a oportunidade. Isto transforma a gestão do risco de algo que a direção tem de fazer em algo que tem de fazer para tornar as operações e o serviço mais robustos.

Processo ORM para operações de missão

Em conformidade com a estratégia ORM descrita nas etapas anteriores, foi concebido um processo e um fluxo de gestão do risco especificamente tendo em conta o ambiente das operações de satélite. O ideal seria dispor de uma estrutura de processos que incluísse, pelo menos, um Conselho de Avaliação de Riscos, um Conselho de Gestão de Riscos e um Grupo de Trabalho de Riscos.

Cada um destes elementos-chave para uma gestão de riscos bem sucedida é abrangido pelas 6 etapas descritas na abordagem ORM. A figura 8 apresenta uma proposta de processo ORM para o ambiente das operações de missão.

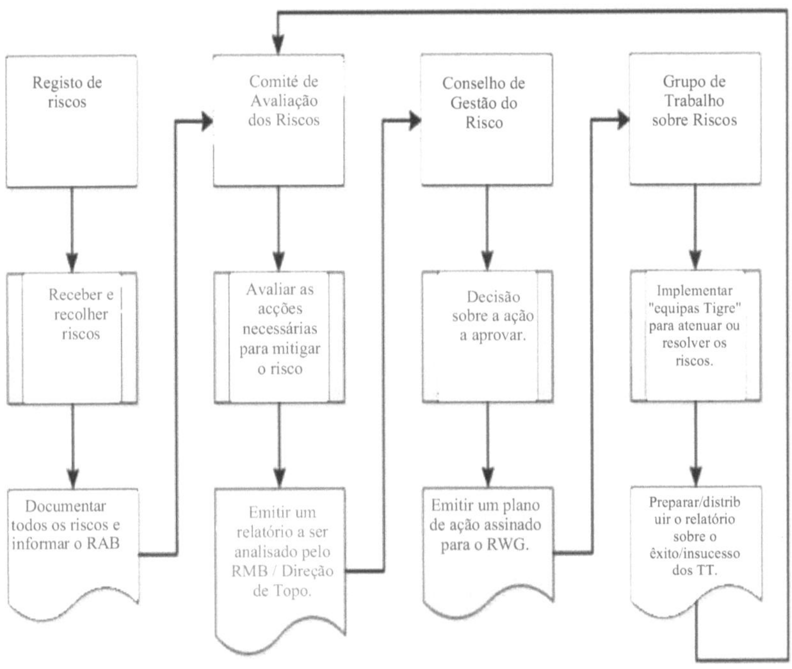

Figura 8 - Processo e fluxo de gestão do risco operacional

Este é apenas um exemplo, mas pode ser adaptado para satisfazer as necessidades específicas de um determinado ambiente operacional, projeto ou missão.

Bibliografia

Larson, Wiley J. e Wertz, James R. *Space mission Analysis and Design,* Terceira Edição, Microcosm Press, 1999.

Fortescue, P., Stark, J. e Swinerd, G. *Spacecraft Systems Engineering,* Third Edition, Wiley Press, 2003.

Chalupnik, M. J., Eckert, C. M. e Clarkson, P. J. *Modelling Design Processes to Improve Robustness,* 6th Integrated Product Development Workshop, Magdeburg, 2006.

Chalupnik, M. J., Wynn, D. C., Eckert, C. M. e Clarkson, P. J. *Understanding Design Process Robustness: A Modelling Approach,* Conferência Internacional de Design de Engenharia, Paris, França, 2007.

Pike, R. *Six Stages to a Robust Operational Risk Framework (Seis fases para um quadro de risco operacional sólido),* http://www.bobsguide.com, 2011.

Ilustrações da capa:

Satélite: Iconshock

Antena da estação terrestre (Fucino, Itália): Andrew Whittaker

Printed by Books on Demand GmbH, Norderstedt / Germany